Ueber
Nitramine der Kohlensäure.

Inaugural-Dissertation
zur
Erlangung der Doktorwürde
der
hohen philosophischen Fakultät
der
Kgl. bayer. Ludwig-Maximilians-Universität zu München
vorgelegt von

Adolf Graeter
aus Stuttgart.

München
Druck von Val. Höfling, Kapellenstrasse Nr. 3
1898.

Meinen Eltern

in Liebe und Dankbarkeit

gewidmet.

Es sei mir auch an dieser Stelle gestattet, Herrn Professor Dr. Joh. Thiele, auf dessen Veranlassung und unter dessen liebenswürdiger Leitung nachstehende Arbeit ausgeführt wurde, sowie meinem hochverehrten Lehrer, Herrn Geheimrath Professor Dr. A. v. Baeyer meinen verbindlichsten Dank auszusprechen.

Theoretischer Teil.

Die merkwürdige Reaction des von Thiele und Lachman[1]) dargestellten und untersuchten Nitrosourethans, welches bei der Zersetzung mit Wasser oder Säuren ausser Stickstoff und Kohlensäure noch ein drittes gasförmiges Produkt nämlich auf zwei Moleküle Nitrosoverbindung ein Molekül Aethylen liefert, veranlasste Thiele und Dent,[2]) durch die Aufsuchung anderer Nitrosocarbamate und deren nachherige Spaltung womöglich eine Erklärung für jene interessante Reaction zu finden und zu zeigen, wie weit sie einer Verallgemeinerung fähig sei, und gab auch den Anstoss zu vorliegender Arbeit.

Da die Darstellung der Nitrosocarbamate durch Reduction der Nitrocarbamate nach der Methode von Thiele und Lachman[1]) immerhin mit Schwierigkeiten verknüpft ist, so wurden zunächst einige Versuche angestellt dahin gehend, eine möglichst directe Darstellungsweise zu finden.

Es wurden zu diesem Zwecke Nitrosirungsversuche mit Amylnitrit und Natriumäthylat angestellt und zwar sowohl beim Urethan als beim Harnstoff. Besonders wünschenswert wäre ein Erfolg im letzteren Falle gewesen, da die genannten Verfasser bei der Reduction des Nitroharnstoffs die Bildung eines Nitrosamins wohl nachzuweisen, dieses selbst aber seiner grossen Zersetzlichkeit wegen nicht zu isoliren vermochten. In beiden Fällen fand eine Einwirkung des Amylnitrits überhaupt nicht statt.

1) Thiele und Lachman, Ann. 288, 307.
2) Dent, Dissertation. München 1898.

Den gleichen Zweck verfolgte der Versuch, durch Einwirkung von Diazobenzol auf die Amide der Kohlensäure Diazoamidoverbindungen zu gewinnen, die bei darauffolgender Spaltung Nitrosamine oder Diazoverbindungen von ähnlichem Charakter liefern sollten, wie es folgende Formeln ausdrücken:

$$C_6H_5—N{=}N—OH + NH_2—CO—O—R =$$
$$= C_6H_5—N{=}N—NH—CO—O—R + H_2O$$

$$C_6H_5—N\vdots{=}N—NH—CO—O—R = C_6H_5NH_2 + NO—NH—CO—O—R$$
$$+ H_2\vdots O$$

oder

$$C_6H_5—NH\vdots N{=}N—CO—O—R = C_6H_5NH_2 + HON{=}N—CO—OR$$
$$+ H\vdots OH.$$

Urethan und Harnstoff wurden auf diese Weise behandelt, doch konnte in beiden Fällen wohl wegen der grossen Unbeständigkeit der möglicherweise gebildeten Diazoamidoverbindungen Nichts isolirt werden; es trat vielmehr schon bei sehr niedriger Temperatur unter lebhafter Gasentwicklung Zersetzung ein.

Bei Anwendung von p-Nitrodiazobenzolchlorid hätte man vielleicht mehr Aussicht auf Erfolg, da dieses bekanntlich ungleich beständiger ist, als die nicht nitrirte Verbindung.

Ebenso wenig gelang die Ersetzung der Nitrogruppe im Nitroharnstoff durch die Nitrosogruppe und ein Versuch, einen Imidoäther durch Behandeln mit salpetriger Säure in ein Nitrosamin zu verwandeln.

Thiele und Lachman [1]) formulirten die Zersetzung des Nitrosourethans wie folgt:

$$2CO\left\langle\begin{matrix}NH—NO\\OC_2H_5\end{matrix}\right. = 2CO_2 + 2N_2 + C_2H_4 + H_2O + C_2H_5OH$$

und bewiesen experimentell die Entstehung eines ungesättigten Kohlenwasserstoffs von der Zusammensetzung des Aethylens; aber erst durch Dent [2]) wurde dieser Kohlenwasserstoff mit Sicherheit als Aethylen erkannt. So waren wohl die Produkte der Zersetzung genau untersucht und festgestellt worden, allein die Vorgänge bei der Reaction selbst bedurften noch der Erklärung.

---

1) Thiele und Lachman, loc. cit.
2) Dent, Diss. München 1898.

Zu diesem Zwecke wurden in erster Linie mit dem Nitrosourethan selbst eine ganze Anzahl von Versuchen angestellt, bei welchen die verschiedensten Gesichtspunkte massgebend waren.

Thiele und Dent fanden, dass Urethan, mit salpetriger Säure zersetzt, ganz dieselben gasförmigen Produkte wie Nitrosourethan liefere. Man könnte daher annehmen, dass die Zersetzung des Nitrosocarbamats nichts anderes sei als eine Einwirkung der abgespaltenen salpetrigen Säure auf Urethan. Da auch von Anfang an bei der Zersetzung des Nitrosourethans die Bildung von freier salpetriger Säure, wenngleich in ganz untergeordnetem Maasse, constatirt worden war, so liegt eine solche Annahme nahe, und nun war es interessant zu erfahren, wie die Vorgänge sich bei einer Vernichtung der salpetrigen Säure gestalten würden. Es wurden Versuche unter Zusatz von Jodwasserstoffsäure resp. Anilinsulfat ausgeführt, so dass die etwa abgespaltene salpetrige Säure sofort unschädlich gemacht werden musste. Da die Zersetzung ganz wie sonst verlief, also ebenfalls Stickstoff und Aethylen gebildet wurden, so ist die primäre Abspaltung von salpetriger Säure nicht wahrscheinlich. Die Bildung derselben, die zwar in minimaler Menge stattfindet, aber mit Sicherheit nachgewiesen werden kann, ist einfach als Nebenreaction zu betrachten.

Die Reaction verläuft demnach nicht so, dass salpetrige Säure abgespalten wird, die dann auf das regenerirte Urethan einwirkt, sondern es ist vielmehr anzunehmen, dass bei den Versuchen Dent's die salpetrige Säure mit Urethan in erster Linie unter Bildung einer Nitroso- bezw. Diazoverbindung reagirte, die sich sofort wieder in der beschriebenen Weise zersetzte.

Auf Anregung des Herrn Fr. Brühl wurden einige Zersetzungen des Nitrosourethans in Gegenwart leicht oxydirbarer Körper ausgeführt. Derselbe sprach in privater Mittheilung, für welche ihm auch an dieser Stelle der beste Dank ausgedrückt sei. den Gedanken aus, es könnte das Nitrosourethan vielleicht als Azoxyverbindung von nachstehender Form reagiren.

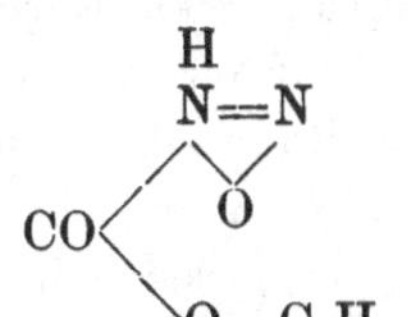

Legt man diese Formel zu Grunde, so ist die Bildung von Aethylen ebenfalls verständlich und der Zersetzungsvorgang könnte nach Brühl folgender sein:

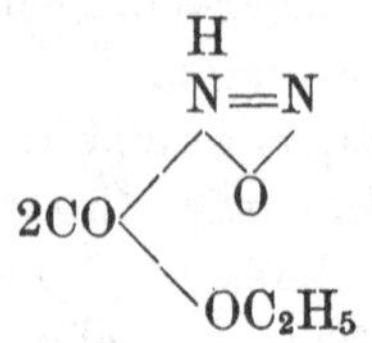

$$= 2N_2 + 2CO_2 + H_2O + 2C_2H_5 + O$$

$$2C_2H_5 + O = C_2H_5OH + C_2H_4.$$

Beseitigt man daher den Sauerstoff durch leicht oxydirbare Körper, so könnte man die Bildung von Butan statt Aethylen erwarten.

Um den Sauerstoff wegzunehmen, wurde ein Ueberschuss von Ferrosalzlösung der zur Spaltung verwandten Säure zugesetzt. Auch die oben schon angeführte Verwendung von Jodwasserstoff hätte den gleichen Zweck erfüllt. In keinem Falle wurde ein Grenzkohlenwasserstoff gebildet, das Resultat war vielmehr, wie im zweiten Theile gezeigt werden wird, das gleiche wie bei der Zersetzung mit Säuren allein.

Eine intermediäre Abspaltung von Sauerstoff, wie sie die oben angeführte Formulirung bedingt, ist demnach nicht wahrscheinlich.

Eine Zersetzung des Silbersalzes des Nitrosourethans, sowie eine Spaltung des letzteren durch längeres Kochen mit absolutem Alkohol, also unter völligem Ausschluss von Wasser, brachten ebenfalls kein Licht in diese Frage.

Die Annahme einer intermediären Umlagerung des Nitrosourethans in einem Diazokörper ist bis jetzt die wahrscheinlichste; sie erklärt mit Leichtigkeit die Abspaltung von Stickstoff, wogegen die Erklärung der Bildung von Aethylen ein heute noch ungelöstes Problem ist.

Endlich wurde noch Nitrourethan mit Wasser und mit verdünnten Säuren längere Zeit gekocht, um zu erfahren, ob es vielleicht einer ähnlichen Zersetzung wie das Nitrosourethan fähig wäre; es wurde jedoch keine Spur eines ungesättigten Körpers gebildet.

Thiele und Dent[1]) hofften durch eine der Zersetzung des Nitrosourethans analoge Spaltung des Nitrosocarbaminsäuremethylesters das lang gesuchte Methylen zu erhalten; die Reactionsbedingungen waren der Gewinnung freien Methylens günstig, da die Spaltung schon in der Kälte erfolgte und diese Hoffnung war umsomehr be-

1) Dent, Diss. München 1898.

rechtigt, als die Existenz eines zweiwertigen Kohlenstoffatomes durch die neueren Arbeiten Nef's[1]) sehr wahrscheinlich gemacht worden war.

Als diese Erwartung nicht in Erfüllung ging, legte ihnen die Thatsache, dass eine ungesättigte Verbindung um so reactionsträger ist, je negativer sie ist[2]), den Gedanken nahe, solche Nitrosocarbamate aufzusuchen, die bei der schon mehrfach erwähnten Spaltung negative Substitutionsderivate des Methylens liefern mussten. Je negativeren Charakter man dem Methylen durch Substitution verlieh, desto schwerer musste es reagiren, desto leichter musste es in freiem Zustand zu gewinnen sein.

Ein Carbamat des Tartronsäureesters hätte diesen Bedingungen in ausgiebigstem Maasse entsprochen; dasselbe konnte jedoch nicht erhalten werden, da die Darstellung seines Chlorkohlensäureesters scheiterte.

Phosgen scheint überhaupt mit solchen Hydroxylen, die eine stark negative Nachbarschaft haben, sehr schwer zu reagiren. Es zeigte sich dies bei mehreren im Verlauf dieser Arbeit ausgeführten Versuchen.

So wurden die Ester von Apfelsäure, Citronensäure, Weinsäure theils in Lösung, theils im Einschlussrohr mit Phosgen behandelt und nur im letzten Falle war überhaupt eine Einwirkung zu constatiren.

Auch mit mehrwerthigen Alkoholen reagirt Phosgen nicht so glatt, wie mit einwerthigen.

So konnte aus Glycerin und Pinakon unter keinen Umständen ein Chlorocarbonat erhalten werden, während Glycol mit Phosgen behandelt, wie Vorländer[3]) schon zeigte, Carbonsäureester des Aethylens und chlorhaltige Produkte neben einander liefert.

Aus diesen letzteren konnte durch Behandeln mit Ammoniak ein Dicarbamidsäureester des Glycols erhalten werden, wenn auch in geringen Mengen. Es musste daher in den chlorhaltigen Nebenprodukten ein Dichlorkohlensäureester des Glycols enthalten gewesen sein.

Dieses Carbamat wurde später noch mit Aethylnitrat und Schwefelsäure nach Thiele und Lachman[4]) nitrirt und lieferte glatt einen Dinitrokörper, der in allen Stücken gleiches Verhalten wie

1) Nef, Ann 270, 280, 287, 298.

2) Diese Erfahrung hat ebenfalls in den citirten Arbeiten Nef's erneute Bestätigung gefunden.

3) Vorländer, Ann. 280, 187.

4) Ann. 288, 287.

das einfache Nitrourethan zeigte und ein Silbersalz mit zwei Atomen Silber lieferte. Infolge Mangels an Material wurde derselbe jedoch nicht weiter untersucht.

Von besonderem Interesse war die Darstellung eines Nitrosocarbamates vom Benzylalkohol.

Dasselbe sollte nämlich bei der Spaltung Phenylmethylen liefern. Dieses musste, da es ja mit dem stark negativen Phenylrest beladen war, weit weniger reactionsfähig sein als das Methylen selbst; es war daher Hoffnung vorhanden, dasselbe in freiem Zustand zu erhalten.

Thiele und Dent[1]) versuchten das Benzylcarbamat zu nitriren; da dies nicht gelang, somit die Vorbedingung für die Gewinnung des nötigen Nitrosocarbamates fehlte, so liessen sie salpetrige Säure auf das Carbamat selbst einwirken.

Obwohl nun dieser Versuch nicht das gewünschte Ergebniss hatte, vielmehr schliessen liess, dass auch die Zersetzung eines Nitrosocarbamats, falls ein solches erhalten werden würde, nicht zu dem gesuchten Phenylmethylen führen werde, so war die Darstellung des ersteren doch immerhin wünschenswert, erstens weil sie die Existenz eines Nitrocarbamats voraussetzte, und zweitens, weil die Zersetzung der Nitrosoverbindung selbst immerhin in anderer Weise verlaufen konnte.

Die Vorgänge bei der Spaltung der Nitrosocarbamate bedürfen überhaupt noch der Aufklärung.

Die Darstellung des Nitrocarbaminsäurebenzylesters gelang, wie später noch zu beschreiben, als die von Bamberger zur Nitrirung von primären Aminen benützte Methode auch auf die Amide der Kohlensäure übertragen wurde.

Das Nitrocarbamat ist in jeder Hinsicht ein vollständiges Analogon des von Thiele und Lachman[2]) beschriebenen Nitrourethans. Es ist eine starke Säure, die eine Reihe schön krystallisirender Salze liefert.

Erwähnenswert ist die Schwerlöslichkeit seines Baryumsalzes; als nämlich eine Lösung des Nitrocarbamats mit Barytwasser versetzt wurde, um die Abspaltung von Kohlensäure und Stickoxydul nachzuweisen, krystallisirte das Salz in der Kälte in feinen Nädelchen aus.

Nach der Angabe der letztgenannten Verfasser liefert das Anilinsalz des Nitrourethans beim Erhitzen über seinen Schmelzpunkt unter

---

1) Dent, Diss.

2) Ann. 288, 287.

Entwickelung von Stickoxydul quantitativ Phenylurethan. Der gleiche Versuch, mit dem Anilinsalz des vorliegenden Nitrocarbamats angestellt, lieferte nicht, wie zu erwarten gewesen wäre, den Phenylcarbaminsäurebenzylester, sondern Diphenylharnstoff.

Der Vorgang ist also wahrscheinlich der, dass zwei Moleküle des zuerst gebildeten Esters mit einander unter Bildung von Diphenylharnstoff, Benzylalkohol und Kohlensäure reagiren; die letztere konnte auch bei dem Versuch nachgewiesen werden. Folgende Formeln werden dies anschaulich machen:

$$C_7H_7 \cdot O \cdot CO \cdot NH\begin{matrix} \diagup NO_2 \\ NH_2C_6H_5 \end{matrix} = C_7H_7 \cdot O \cdot CO \cdot NH \cdot C_6H_5 + N_2O + H_2O$$

$$\begin{matrix} C_7H_7 \cdot O \cdot CO \cdot NH \cdot C_6H_5 \\ C_7H_7 \cdot O \cdot CO \cdot NH \cdot C_6H_5 \end{matrix} + H_2O = CO\begin{matrix} \diagup NH-C_6H_5 \\ \diagdown NH-C_6H_5 \end{matrix} + 2C_7H_7OH + CO_2$$

Das Benzylcarbonat, welches darnach auch entstehen könnte, scheint bei der hohen Temperatur (über 100°) verseift zu werden.

Die gleiche Zersetzung erleidet das o-Toluidinsalz des Nitrocarbamats, indem es o-Ditolylharnstoff liefert.

Im Gegensatz zum gewöhnlichen Nitrourethan ist das vorliegende Nitrocarbamat auch bei starker Kälte ganz unbeständig gegen concentrirte Schwefelsäure. Es ist dies die Folge der Anwesenheit eines aromatischen Kerns, der die Möglichkeit zu einer Umlagerung bietet, wie sie später noch beschrieben werden wird.

Durch starke Reduction liefert es wie Nitrourethan einen Hydrazincarbonsäureester, durch schwache ganz wie dort ein Nitrosocarbamat.

Die Isolirung des letzteren wurde etwas erschwert durch den Umstand, dass das Nitrosocarbamat ebenso wie das Nitrocarbamat ein in Wasser unlösliches Silbersalz bildet, so dass hier die von Thiele und Lachman[1]) angegebene Trennungsmethode nicht in Anwendung gebracht werden konnte. Die Trennung gelang mir schliesslich auf Grund ihres verschieden stark sauren Charakters; das Nitrocarbamat treibt nämlich im Gegensatz zum Nitrosocarbamat Essigsäure aus ihren Salzen aus und dieses Verhalten konnte unschwer zur Isolirung des letzteren benützt werden.

Das Nitrosocarbamat ist ein sehr schön krystallisirender Körper, der aber sehr wenig beständig ist; er hält sich im Vacuum über Natronkalk und Schwefelsäure kaum 4—5 Tage. Etwas weniger zersetzlich

1) Ann. 288, 304.

ist sein Ammoniaksalz, welches wegen seiner leichten Löslichkeit in Wasser zu den im folgenden Teile anzuführenden Zersetzungen mit Vorteil angewandt wurde. Doch kann man auch dieses nicht länger als acht Tage aufbewahren, weil es leicht Ammoniak verliert.

Mit dem Nitrosocarbamat, das sich wie Nitrosourethan schon unter 0^0 mit Säuren zersetzt, wurden ebenfalls die bei letzterem angestellten Spaltungen ausgeführt, hatten aber in keinem Falle den gewünschten Erfolg. Keine der Zersetzungen lieferte eine ungesättigte Verbindung, Phenylmethylen oder Stilben, das aus zwei Molekülen des ersteren hätte entstehen können; auch Additionsprodukte des Phenylmethylens waren nicht mit Sicherheit nachzuweisen, denn die in einem Falle wahrgenommene Bildung von Benzylchlorid ist als secundäre Reaction von Benzylalkohol mit Salzsäure anzusehen, da der Versuch zum Schlusse wenigstens in der Hitze ausgeführt worden war.

Noch grössere Erwartungen wurden auf die Spaltung eines Nitrosocarbamats vom Benzhydrol gesetzt; dasselbe sollte dabei Diphenylmethylen liefern, also ein doppelt so stark negativ beladenes Methylen.

Leider musste auf die Darstellung dieses Nitrosocarbamats verzichtet werden, weil sich das Carbamat des Benzhydrols aus bis jetzt unbekannten Gründen in keiner Weise in eine Nitroverbindung überführen liess.

Das schon erwähnte Carbamat des Benzhydrols wurde aus letzterem durch Behandeln mit Harnstoffchlorid nach Gattermann[1]) erhalten; ein Chlorocarbonat desselben konnte nicht dargestellt werden, weil Phosgen in der Kälte nicht einwirkte und die Behandlung mit demselben in der Hitze im Einschlussrohr grösstenteils zu Reactionsprodukten zwischen Benzhydrol und Salzsäure führte.

Thiele und Lachman[2]) gewannen durch directe Nitrirung mit berechneten Mengen Salpeterschwefelsäure die primären Nitramine der Kohlensäure. Sie verbesserten diese Methode noch wesentlich dadurch, dass sie, zum ersten Male bei der Darstellung des Nitrourethans mit einer berechneten Menge Aethylnitrat in conc. Schwefelsäure arbeiteten. Harnstoff, Aethylharnstoff, Urethan, später auch Carbaminsäuremethylester, wurden so mit gutem Erfolg in die zugehörigen Nitramine übergeführt.

Als aber dieses bequeme Verfahren auch auf solche Amide der Kohlensäure, die einen aromatischen Kern enthalten, ausgedehnt

1) Ann. 244, 30 f.

2) Ann. 288, 267.

werden sollte, versagte es vollkommen. Benzylharnstoff und Benzylcarbamat lieferten, so behandelt, keine Nitramine.

Um nachzuweisen, ob in dem genannten Fall immer dieses abweichende Verhalten eintritt, wurden daher einige weitere dem Benzylharnstoff und Benzylcarbamat ähnliche kernhaltige Säureamide der oben angeführten Methode zur Nitrirung unterworfen.

Es wurde zunächst Carbaminsäurephenylester untersucht. Der Ester selbst wurde aus Phenol und Harnstoffchlorid nach Gattermann[1]) leicht erhalten, wogegen es nicht gelang aus Phenol und Phosgen einen Chlorkohlensäureester zu gewinnen, aus welchem ebenfalls das Carbamat hätte dargestellt werden können.

Letzteres lieferte nun bei der Nitrirung mit Aethylnitrat und Schwefelsäure zwar ein Nitramin, allein, wie eine Spaltung desselben sowie die Analyse ergaben, war auch in den Kern in Parastellung eine Nitrogruppe eingetreten. So war ein dem Nitrocarbaminsäure-p-nitrobenzylester von Thiele und Dent analoger Körper durch doppelte Nitrirung entstanden.

Bamberger[2]) hat gezeigt, dass aromatische Nitramine sich leicht umlagern, indem die Nitrogruppe in den Kern eintritt.

Ein ähnlicher Vorgang ist wohl auch hier anzunehmen, so dass die Bildung des Nitramins in drei Phasen verläuft: es wird zuerst ein primäres Nitramin gebildet; dieses spaltet unter dem Einfluss der Schwefelsäure Salpetersäure ab und die Nitrogruppe tritt in die Parastellung des Kerns ein. Der so entstehende Carbaminsäure-p-nitrophenylester wird dann zum zweiten Male in ein Nitramin übergeführt, welches nun beständiger ist.

Die paraständige Nitrogruppe scheint einen festigenden Einfluss auf das Molekül auszuüben. Diese Erfahrung machten auch Thiele und Dent[3]) beim p-Nitrobenzylcarbamat, welches sie als weit beständiger beschreiben, als das Benzylcarbamat selbst; sie wird ferner bestätigt durch die bekannte Thatsache, dass p-Nitrodiazobenzolchlorid ungleich beständiger ist als der nicht nitrirte Diazokörper. Das p-Nitrophenylcarbamat wurde zwar nicht dargestellt, doch ist Grund vorhanden, anzunehmen, dass es beständiger sein würde, als das Phenylcarbamat selbst, welches schon durch Kochen mit Wasser geringe Zersetzung erleidet.

---

1) Ann. 244, 43.
2) Ber. d. deutsch. chem. Ges. 26, 490.
3) Dent, Diss.

Interessant war es nun, das Verhalten eines Phenylcarbamats mit durch die Methylgruppe besetzter Parastellung bei der Nitrirung kennen zu lernen.

Es wurde deshalb Parakresylcarbamat nach dem oben schon angeführten Verfahren dargestellt und mit Aethylnitrat und Schwefelsäure behandelt; wie später noch zu beschreiben, gelang es in diesem Falle nicht, ein Nitramin zu erhalten.

Unsymmetrischer Aethylphenylharnstoff wurde in gleicher Weise nitrirt und lieferte eine sehr schön krystallisirende Nitroverbindung, die aber, wie aus der Spaltung hervorging, kein Nitramin darstellte, sondern einfach im Kern und zwar wieder in Parastellung nitrirt war. Auch eine erneute Behandlung mit Aethylnitrat und Schwefelsäure führte nicht zu einem Nitramin, obwohl man ein solches nach dem oben Gesagten hätte erwarten können.

Die Nitrirung mit Aethylnitrat und Schwefelsäure liefert demnach bei solchen Carbamaten, die einen aromatischen Kern enthalten keine einfachen Nitramine und der Grund hiefür scheint darin zu liegen, dass der vorhandene Benzolkern die leichte Möglichkeit zur Umlagerung bietet.

In neuerer Zeit hat Bamberger[1]) die Ueberführung von primären Aminen in die zugehörigen Nitramine, deren Entdecker, Franchimont,[2]) mit einem Ueberschuss wasserfreier Salpetersäure arbeitete, wesentlich dadurch verbessert, dass er den Ueberschuss von Mineralsäure, die auf viele Nitramine zerstörend einwirkt, beseitigte. Er bewerkstelligte dies dadurch, dass er die Nitrate der primären Amine mit Essigsäureanhydrid behandelte.

Es wurden nun Versuche angestellt, um zu sehen, ob dieses so zweckentsprechende Verfahren nicht auch auf Säureamide mit Erfolg zu übertragen wäre.

Da die Säureamide meistens nicht im Stande sind Nitrate zu bilden, so wurden mit der berechneten Menge conc. Salpetersäure und einem grossen Ueberschuss von Essigsäureanhydrid gearbeitet. Die Anwendung dieses Verfahrens war fast in allen Fällen von gutem Erfolg begleitet und lieferte Nitramine von allen den Säureamiden, die sich mit Aethylnitrat und Schwefelsäure nicht hatten nitriren lassen.

So wurde vor allem der schon oben erwähnte Nitrocarbaminsäurebenzylester dargestellt und zwar in nahezu quantitativer Ausbeute,

---

1) Ber. d. deutsch. chem. Ges. 28, 399.

2) Rec. trav. chim. 2, 96.

wogegen das Carbamat des Benzhydrols aus ganz unbekannten Gründen einer Nitrirung bisher widerstand.

Auch Phenylcarbamat lieferte, nach der Bamberger'schen Methode behandelt, ein sehr gut krystallisirendes Nitramin; die Ausbeute war allerdings nicht befriedigend.

Benzylharnstoff, sowie Aethylphenylharnstoff lieferten in guter Ausbeute Nitramine, die in jeder Hinsicht dem von Thiele und Lachman[1]) beschriebenen Nitroharnstoff ähnlich sind und wohl charakterisirte Salze bilden.

Durch Spaltung mit Alkalien wurde aus ihnen Benzylamin bezw. Monoaethylanilin erhalten und dadurch ihre Constitution festgestellt. Vom Monophenylharnstoff wurde ebenfalls ein Nitroderivat erhalten, welches bei der Spaltung Anilin lieferte und daher ebenfalls ein primäres Nitramin darstellte. Daneben entstand in geringer Menge ein gelb gefärbtes Produkt, welches offenbar im Kern nitrirt war; es wurde jedoch mangels Material nicht näher untersucht.

Alle diese Nitrocarbamate und Nitroharnstoffe geben die typische Reaction der Nitramine, wie dieselbe von Thiele und Lachman[1]) angegeben worden ist, und ein weiteres Charakteristicum für alle ist das ebenfalls von denselben beim Nitroharnstoff beschriebene Verhalten gegen Mercurisalz. Alle Nitramine werden aus ihren Lösungen durch Mercurinitrat als weisse Niederschläge ausgefällt. Diese Quecksilbersalze sind in Wasser und verdünnter Salpetersäure ganz unlöslich, werden aber durch Salzsäure und Chlornatriumlösung zerlegt und wurden daher in allen Fällen mit Vorteil zur Isolirung der Nitramine verwandt.

---

1) Ann. 288, 281.

Experimenteller Teil.

Dicarbaminsäureester des Glycols:

$$\begin{array}{l} CH_2-O-CO-NH_2 \\ | \\ CH_2-O-CO-NH_2 \end{array}$$

Behandelt man Glycol im Einschlussrohr einige Tage lang bei Zimmertemperatur mit Phosgen, so erhält man nach Vorländer[1]) ein Gemisch von Aethylencarbonat mit chlorhaltigen Produkten. Es wurde deshalb das Reactionsgemisch durch einen Luftstrom von Salzsäure und Phosgen befreit und in trockener Benzollösung mit gasförmigem Ammoniak behandelt. Die von dem ausfallenden, weissen Niederschlag abfiltrierte Benzollösung hinterlässt nach dem Verdunsten reines krystallisirendes Aethylencarbonat.[2]) Dem Niederschlag wird durch Digeriren mit wenig kaltem Wasser aller Salmiak entzogen und der Rückstand kann, aus heissem Wasser umkrystallisirt, in Form winziger, zu Büscheln vereinigter Nadeln erhalten werden, die nach der Analyse einen Dicarbaminsäureester des Glycols darstellen. Zur Reinigung löst man den Ester in wenig Alkohol und fällt mit Ligroin; man erhält so Blättchen vom Schmelzpunkt 162—163°. Da sich hier bezüglich des Schmelzpunktes eine Differenz mit dem von Gattermann aus Glycol- und Harnstoffchlorid dargestellten Carbamat ergab, so wurde dasselbe auch auf diese Weise dargestellt, wobei es sich zeigte, dass es, in der oben beschriebenen Weise krystallisirt, ebenfalls den angegebenen Schmelzpunkt hat.

---

1) Ann. 280, 187.

2) Es dürfte dies gleichzeitig die bequemste Methode zur Reindarstellung des Aethylencarbonats sein, da hiedurch eine Destillation überflüssig gemacht wird.

0,2180 g gaben 0,2584 g CO_2 und 0,1147 g H_2O.
0,2254 g „ 37 ccm N bei 10° und 725 mm Druck.

Berechnet für $C_4H_8O_4N_2$:		Gefunden:
C	32,43 %	32,33 %
H	5,40	5,84
N	18,82	18,74

Dinitrocarbaminsäureester des Glycols:

$$\begin{array}{l} CH_2-O-CO-NH-NO_2 \\ | \\ CH_2-O-CO-NH-NO_2 \end{array}$$

Das Carbamat wird in der von Thiele und Lachman[1]) angegebenen Weise mit Aethylnitrat und conc. Schwefelsäure nitrirt und die entstehende Nitroverbindung, wie an der gleichen Stelle beschrieben, über ihr Ammoniumsalz isolirt. Sie krystallisirt aus Aether und Ligroin in silberglänzenden Blättchen vom Schmelzpunkt 154°. Sie ist leicht löslich in den organischen Lösungsmitteln, ausser Ligroin, ebenso in warmem Wasser und zeigt alle Reactionen des Nitrourethans.

0,1091 g gaben 0,0804 g CO_2 und 0,0306 g H_2O.
0,1474 g „ 31,4 ccm N bei 11° und 706 mm Druck.

Berechnet für $C_4H_6O_8N_4$:		Gefunden:
C	20,17 %	20,09 %
H	2,52	3,11
N	23,52	23,57

Salze des Dinitrocarbamats des Glycols.

Ammoniaksalz.

Dasselbe wird als weisser Niederschlag durch einen trockenen Ammoniakstrom aus der ätherischen Lösung des Esters ausgefällt. Aus Mangel an Material wurde es nicht näher untersucht.

Silbersalz.

Vermischt man die concentrirte alkoholische Lösung des Esters mit einer concentrirten Silbernitratlösung, so scheidet sich das Silbersalz in weissen Nädelchen ab.

1) Ann. 288, 287.

0,1785 g gaben 0,0846 g Ag.

Berechnet für $C_4H_4O_8N_4$:	Gefunden:
Ag 47,78 %	47,43 %

Monocarbamat des Weinsäureesters:

$$\begin{array}{l} CO-O-C_2H_2 \\ | \\ CH-O-CO-NH_2 \\ | \\ CH-OH \\ | \\ CO-O-O_2H_5 \end{array}$$

Weinsäurediäthylester wurde zuerst in der Kälte, dann in der Siedehitze in Benzollösung mit Phosgen behandelt, ohne dass eine Einwirkung stattgefunden hätte.

Erst beim Erhitzen von einem Molekül Ester mit zwei Molekülen Phosgen im Einschlussrohr auf 160—170° trat eine Reaction ein Das Reactionsprodukt wurde durch einen trockenen Luftstrom von Salzsäure und Phosgen befreit und in ätherischer Lösung mit Ammoniakgas behandelt. Hiedurch wird ein schmieriger Niederschlag, aus Weinsäureamid und Salmiak bestehend, ausgefällt und die abfiltrirte ätherische Lösung hinterlässt beim Verdunsten weisse Nädelchen oder Blättchen, die aus Alkohol oder Wasser umkrystallisirt werden können. Schmp. 134°.

Der Körper spaltet, wie alle Carbamate, beim Erwärmen mit Barytwasser Kohlensäure ab; diese Thatsache, sowie die Analyse, stimmen auf ein Monocarbamat, welches jedoch nicht weiter untersucht wurde, da es nur in ganz minimalen Mengen zu erhalten war.

0,1347 g gaben 0,2144 g CO_2 und 0,0811 g H_2O.
0,0927 g „ 5 ccm N bei 20° und 719 mm Druck.
0,2112 g „ 11,4 ccm N bei 17° und 725 mm Druck.

Berechnet für $C_9H_{15}O_7N$:		Gefunden:
C	43,37 %	43,38 %
H	6,03	6,39
N	5,62	5,80 5,97 %

Nitrocarbaminsäurebenzylester:

$C_6H_5-CH_2-O-CO-NH-NO_2$.

10 g Benzylcarbaminsäureester werden event. unter Erwärmen in 40 ccm Essigsäureanhydrid gelöst und unter stetem Durchschütteln in eine Kältemischung gebracht, wobei sich das Carbamat in sehr fein verteiltem Zustand wieder abscheidet; hiezu lässt man ein Gemisch von 12 ccm Essigsäureanhydrid mit 6 ccm concentrirter Salpetersäure, welches man vorher unter starker Abkühlung bereitet hat, zutropfen, wobei das zuerst ausgeschiedene Carbamat vollständig in Lösung geht. Nach etwa $1^1/_2$ stündiger Einwirkung, während welcher die Temperatur stets unter 0° zu halten ist, giesst man die gelblich gefärbte Lösung unter gutem Umrühren, am besten mittels einer Turbine, in ungefähr 500 ccm kaltes Wasser. Das Essigsäureanhydrid wird vom Wasser aufgenommen und der gebildete Nitrocarbaminsäurebenzylester scheidet sich in weissen Nädelchen, die sich leicht zusammenballen, zum grössten Teile aus. Man saugt ab, wäscht mit Wasser nach, presst auf Thon ab und trocknet schliesslich zur vollständigen Befreiung von der ziemlich hartnäckig anhaftenden Essigsäure in einem mit Natronkalk und Kali beschickten Exsiccator. Der so getrocknete Ester krystallisirt aus heissem Benzol in perlmutterglänzenden Blättchen oder Nadeln, die bei 92° schmelzen. Die Mutterlauge giesst man in die 4—5 fache Menge Ligroin, wobei sich der Rest des Esters in glänzenden, verfilzten Nädelchen abscheidet. Man erhält auf diese Weise 10—11 g Nitrocarbaminsäurebenzylester.

Aus dem wässrigen Filtrat des Rohproduktes kann man mit Hilfe des Quecksilbersalzes (s. unten) noch 2—2,5 g der Nitroverbindung erhalten, so dass die Gesammtausbeute quantitativ ist.

Der Nitrocarbaminsäurebenzylester verhält sich gegen fixe Alkalien genau wie das gewöhnliche Nitrourethan; er löst sich ebenso leicht in Soda und wird durch Mineralsäuren wieder ausgefällt, treibt dagegen Essigsäure aus ihren Salzen aus. Er schmilzt beim Erwärmen unter Wasser, löst sich beim Kochen darin auf und krystallisirt daraus beim Erkalten in langen Nadeln. Er löst sich ausserdem leicht in Alkohol, Aether, warmem Benzol, schwer in kaltem Wasser, nicht in Ligroin.

0,1883 g ergaben 0,3379 g CO_2 und 0,0730 g H_2O.
0,1815 g „ 23,1 ccm N bei 12° und 726 mm Druck.

Berechnet für $C_8H_8O_4N_2$:	Gefunden:
C 48,97 %	48,94 %
H 4,08	4,30
N 14,28	14,42

Salze des Nitrocarbaminsäurebenzylesters.

Ammoniumsalz.

Man erhält dasselbe durch Einleiten eines trockenen Ammoniakstromes in die ätherische Lösung des Esters als weissen Niederschlag, der aber leicht durch überschüssiges Ammonik schmierig wird und daher sofort zur Darstellung des Silbersalzes verwandt wurde.

Silbersalz.

Der oben entstandene Niederschlag des Ammoniaksalzes wurde mit Wasser aufgenommen und mit einer Lösung von Silbernitrat versetzt, wobei sich das Silbersalz in weissen Flocken abschied. Es ist in kaltem Wasser sehr schwer löslich und verpufft beim Erhitzen in trockenem Zustand ziemlich heftig.

0,3025 g gaben 0,1074 g Ag.

Berechnet für $C_8H_7O_4N_2Ag$:	Gefunden:
Ag 35,64	35,54

Kaliumsalz.

Eine concentrirte Lösung des Esters in Methylalkohol wird mit etwa der berechneten Menge methylalkoholischen Kalis versetzt; da das Gemisch sich sehr stark erwärmt, muss man für gute Kühlung sorgen. Das Kalisalz scheidet sich sofort als dicker weisser Niederschlag ab, der abgesaugt, mit kaltem Methylalkohol gewaschen und aus heissem Methylalkohol in glänzenden Nädelchen krystallisirt erhalten wird.

0,2041 g gaben 0,0896 g K_2SO_4.

Berechnet für $C_8H_7O_4N_2K$:	Gefunden:
K 16,66 %	16,74 %

Baryumsalz.

Eine wässerig-ammoniakalische Lösung des Esters wird mit Chlorbaryumlösung versetzt: nach einiger Zeit krystallisirt das Baryumsalz in feinen Nädelchen aus, die zur Reinigung mit kaltem Wasser gewaschen werden. Es ist schwer löslich in kaltem Wasser, leichter in heissem. Bei längerem Kochen mit Wasser erleidet es geringe Zersetzung unter Abscheidung von wenig kohlensaurem Baryt.

0,1631 g des Salzes gaben 0,0713 g $BaSO_4$.

Berechnet für $(C_8H_7O_4N_2)_2Ba$:	Gefunden:
Ba 25,99 %	25,71 %

Mercurisalz.

Dasselbe fällt selbst aus sehr verdünnten Lösungen des Esters durch Zusatz von Mercurinitratlösung als weisser, flockiger Niederschlag aus. Es ist unlöslich in Wasser und verdünnter Salpetersäure, leicht löslich in Salzsäure. Für die Analyse wurde es durch Digeriren mit heissem Alkohol und Wasser gereinigt.

0,3300 g des Salzes gaben 0,1292 g HgS.

Berechnet für $(C_8H_7O_4N_2)_2Hg$:	Gefunden:
Hg 33,89 %	33,75 %

Um aus dem Mercurisalz den Ester frei zu machen, zersetzt man es mit überschüssiger Kochsalzlösung und überschüssiger verdünnter Schwefelsäure unter Zusatz von gestossenem Eis. Man äthert die Lösung erschöpfend aus und verdunstet den Aether.

Anilinsalz.

Dasselbe scheidet sich beim Vermischen der Componenten in ätherischer Lösung als reichlicher weisser Niederschlag aus. Es krystallisirt aus Benzol oder Wasser in farblosen, seideglänzenden Nädelchen die bei 126° unter Zersetzung und Gasentwicklung schmelzen.

0,1492 g gaben 19,5 ccm N bei 14° und 726 mm Druck.

Berechnet für $(C_8H_8O_4N_2)NH_2C_6H_5$:	Gefunden:
N 14,53 %	14,67 %

o-Toluidinsalz.

Es bildet sich genau wie das Anilinsalz, jedoch empfiehlt es sich, seiner leichteren Löslichkeit halber die ätherischen Lösungen möglichst concentrirt anzuwenden.

Zersetzung von Anilin- sowie o-Toluidinsalz durch Erhitzen über den Schmelzpunkt.

Die Zersetzung findet in beiden Fällen unter Entwicklung von Kohlensäure und Stickoxydul statt und die Schmelzrückstände geben an heissen Alkohol farblose, in glänzenden Nädelchen krystallisirende Körper ab, die bei 235 bezw. 243° schmelzen und hiedurch, sowie durch die Analyse als Diphenyl- bezw. o-ditoliylharnstoff identificirt wurden.

1. 0,1686 g gaben 19,9 ccm bei 18° und 727,5 mm Druck.
2. 0,1870 g „ 20,0 ccm „ 1° „ 704 mm Druck.

Berechnet für $C_{13}H_{12}ON_2$:	Gefunden:
N 13,21 %	13,04 %

Berechnet für $C_{15}H_{16}ON_2$:	Gefunden:
N 11,66 %	11,80 %

Durch Eintropfen einer alkoholischen Lösung des Nitrocarbaminsäurebenzylesters in auf 120—130° erhitztes Anilin wurde ebenfalls unter Kohlensäure- und Stickoxydulentwicklung Diphenylharnstoff erhalten.

Zersetzung mit concentrirter Schwefelsäure.

Nitrocarbaminsäurebenzylester wurde in concentrirter Schwefelsäure in starker Kälte gelöst. Die Schwefelsäure färbt sich schon bei einer Temperatur von —14° braun unter stürmischer Gasentwicklung. Es war unmöglich, aus dem Reactionsgemisch einen definirbaren Körper zu gewinnen.

Reduction des Nitrocarbaminsäurebenzylesters zum Hydrazincarbonsäurebenzylester:

$$C_6H_5CH_2—O—CO—NH—NH_2.$$

Löst man den Ester in Natriumacetat und reducirt ohne Kühlung mit einem Ueberschuss von Zinkstaub und Eisessig, so erhält man nach einiger Zeit eine farblose — anfänglich war die Lösung stark gelb gefärbt — klare Lösung, die vom Zinkstaub abfiltrirt und mit der ungefähr berechneten Menge Benzaldehyd durchgeschüttelt wird. Es scheidet sich sofort die Benzaldehydverbindung des Hydrazincarbonsäurebenzylesters ab. Zur Reinigung wurde sie in wenig warmem

Benzol gelöst und in viel Ligroin gegossen; man erhält sie auf diese Weise in verfilzten, gelblichen Nädelchen, die bei 137—138° schmelzen.

0,1845 g gaben 18,2 ccm Gas bei 10° und 719 mm Druck.

Berechnet für $C_{15}H_{14}O_2N_2$:	Gefunden:
N 11,02%	11,16%

Reduction zum Nitrosocarbaminsäurebenzylester:

$C_6H_5—CH_2—O—CO—NH—NO$.

Dieselbe gelingt nur unter genauer Einhaltung nachstehender Bedingungen: 5 g Nitrocarbaminsäurebenzylester werden in Aether gelöst und in einem Becherglase, welches mit Eis gekühlt wird, auf eine Lösung von 2 ccm Eisessig in 100 ccm Wasser geschichtet; die beiden Schichten werden mittels Rührwerks in fortwährender Bewegung erhalten. Man trägt nun in ganz kleinen Portionen 2,5 g Zinkstaub ein, wobei sich der Aether tief gelb färbt.

Nach ungefähr einstündiger Einwirkung hebt man die ätherische Schicht ab und schüttelt sie zur Entfernung von unveränderter Nitroverbindung im Scheidetrichter so lange mit wässriger Ammoniumacetatlösung durch, bis letztere mit Merkurinitratlösung und einigen Tropfen verdünnter Salpetersäure versetzt, keine weisse Trübung mehr gibt.

Die rein gelb gefärbte ätherische Lösung wird wieder abgehoben und nun, ebenfalls im Scheidetrichter, mit einer wässrigen Lösung der etwa berechneten Menge Silberacetat versetzt und gut durchgeschüttelt. Es scheidet sich ein aus eigelben Flocken bestehender Niederschlag des Silbersalzes ab, dessen Farbe aber bei längerem Schütteln etwas verblasst. Der Niederschlag wird abgesaugt und muss bis zur vollständigen Befreiung von anhaftender Essigsäure mit Wasser gewaschen werden. Das Silbersalz muss sofort weiter verarbeitet werden.

Um daraus die freie Nitrosoverbindung zu gewinnen[1]), zersetzt man es mit Kochsalzlösung unter Eiszusatz, filtrirt die wässrige Lösung des Natriumsalzes ab und versetzt sie vorsichtig mit verdünnter Schwefelsäure. Die freie Nitrosoverbindung wird ausgeäthert und die rein gelbe ätherische Lösung verdunstet; die Nitrosoverbindung hinter-

---

1) Siehe hierüber die genauere Vorschrift bei der Darstellung des Nitrosourethans von Thiele und Lachman, Ann. 288, 304 f.

bleibt in gelben, glänzenden Nädelchen die bei 68° unter heftiger Zersetzung schmelzen. In sehr schöner Form erhält man dieselbe, wenn man sie in ganz wenig Benzol löst und mit viel Ligroin versetzt, wobei sie sich in langen, gelben, zu Büscheln vereinigten Nadeln abscheidet.

Die Nitrosoverbindung ist leicht löslich in Aether, Alkohol und Benzol, sehr schwer in Wasser und Ligroin. Sie hält sich einige Zeit im Exsiccator über Schwefelsäure und Natronkalk. Die Analyse derselben erfordert ihrer leichten Zersetzlichkeit wegen einige Vorsicht.

0,0947 g gaben 13,5 ccm Gas bei 10° und 705 mm Druck.

Berechnet für $C_8H_8O_3N_2$:	Gefunden:
N 15,55 %	15,82 %

Salze des Nitrosocarbaminsäurebenzylesters.

Silbersalz.

Dasselbe entsteht, wie oben beschrieben, beim Schütteln einer ätherischen Lösung der Nitrosoverbindung mit Silberacetat. Es wurde seines geringen Interesses wegen nicht weiter untersucht.

Ammoniumsalz.

Leitet man in eine trockene ätherische Lösung der Nitrosoverbindung scharf getrocknetes Ammoniakgas ein, so scheidet sich das Salz in gelben glänzenden Blättchen ab, die bei 112° unter vollständiger Zersetzung schmelzen. Man setze das Einleiten von Ammoniak nur so lange fort, bis der Aether eben farblos geworden ist; überschüssiges Ammoniak verwandelt nämlich sofort die Blättchen in ein dunkelgelbes zersetzliches Oel. Sollte dieser Fall eintreten, so giesst man rasch den ammoniakhaltigen Aether ab und übergiesst das Oel mit frischem Aether, wenn nötig unter Wiederholung, wodurch es wieder in die Blättchen zurückverwandelt wird. Das Salz hält sich nur kurze Zeit im Vacuum; nach 2—3 Wochen hat es alles Ammoniak verloren und der Rückstand ist reine Nitrosoverbindung.

0,1602 g gaben bei 17° und 720 mm Druck 31 ccm N.

Berechnet für $C_8H_{11}O_3N_3$:	Gefunden:
N 21,32 %	21,25 %

Carbaminsäureester des Benzhydrols:

$$\begin{matrix} C_6H_5 \\ C_6H_5 \end{matrix}\!\!>\!CH-O-CO-NH_2$$

Benzhydrol wird in trockener Benzollösung mit frisch bereitetem Harnstoffchlorid behandelt, wobei das Benzhydrol im Ueberschuss vorhanden sein muss, um etwaige Bildung von Allophansäureester zu vermeiden. Es tritt eine ziemlich heftige Reaction ein, welche man zweckmässig durch Einstellen des Reactionsgefässes in Eiswasser mildert. Nach ungefähr einstündiger Einwirkung saugt man von dem gebildeten, weiter unten zu beschreibenden Niederschlag ab, wäscht einige Male mit Benzol nach und destillirt das Filtrat im Wasserbade ab. Der zurückbleibende, ölige Rückstand wird mit viel Ligroin übergossen und durchgeschüttelt, wodurch das gebildete Carbamat krystallinisch ausgeschieden wird. Man saugt das Carbamat ab, wäscht mit Ligroin und krystallisirt aus heissem Benzol um; die von den ausgeschiedenen Krystallen abfiltrirte Mutterlauge giesst man, da das Carbamat auch in kaltem Benzol ziemlich leicht löslich ist, in die 4—5 fache Menge Ligroin, wodurch es quantitativ in feinen Nädelchen abgeschieden wird.

Das Carbamat krystallisirt aus heissem Benzol in farblosen glänzenden Nadeln, die bei 127—128° schmelzen. Es ist leicht löslich in Alkohol und Aether, ganz unlösich in Wasser und Ligroin.

Der oben erwähnte Niederschlag besteht nach dem Auswaschen mit Benzol aus reinem Salmiak. Verdunstet man das vom Carbamat abfiltrirte Ligroin, so hinterbleibt eine stark chlorhaltige Flüssigkeit, die schon beim Kochen mit Wasser Salzsäure abspaltet und Benzhydrol zurückliefert; diese Flüssigkeit ist demnach Diphenylmethanchlorid. Demgemäss verläuft die Reaction zur Bildung des Carbamats so, dass ein Molekül Benzhydrol mit einem Molekül Harnstoffchlorid Carbamat liefert, während die dabei entstehende Salzsäure mit einem zweiten Molekül Benzhydrol reagirt; das hiebei freigemachte Wasser setzt weiteres Harnstoffchlorid zu Salmiak um. Dieser Verlauf der Reaction gibt eine Erklärung dafür, dass man nur die Hälfte der theoretisch berechneten Ausbeute erhält; die eine Hälfte des Harnstoffchlorids geht durch Salmiakbildung verloren.

Der Vorgang wird durch nachstehende Formeln anschaulich gemacht.

$$\begin{cases} (C_6H_5)_2-CH-OH + NH_2-CO-Cl = \\ \qquad = (C_6H_5)_2-CH-O-CO-NH_2 + HCl \\ (C_6H_5)_2-CH-OH + HCl = (C_6H_5)_2CHCl + H_2O \\ NH_2-CO-Cl + H_2O = NH_4Cl + CO_2. \end{cases}$$

Das Carbamat wird durch Alkalien in Benzhydrol, Kohlensäure und Ammoniak gespalten und durch concentrirte Schwefelsäure schon bei starker Kälte vollständig zersetzt. Die Nitrirung mit Essigsäureanhydrid und Salpetersäure versagte hier vollständig; das Reactionsgemisch lieferte, auch wenn mit grosser Vorsicht in starker Kälte operirt wurde, stets nur Benzhydrol zurück.

0,1765 g des Carbamats gaben 0,4780 g CO_2 und 0,0961 g H_2O.
0,4006 g gaben 23,1 ccm N bei 15° und 720 mm Druck.

Berechnet für $C_{14}H_{13}O_2N$:		Gefunden:
C	74,01 %	73,86 %
H	5,73	6,04
N	6,16	6,39

Nitrirung von Phenylcarbamat mit Aethylnitrat und Schwefelsäure:

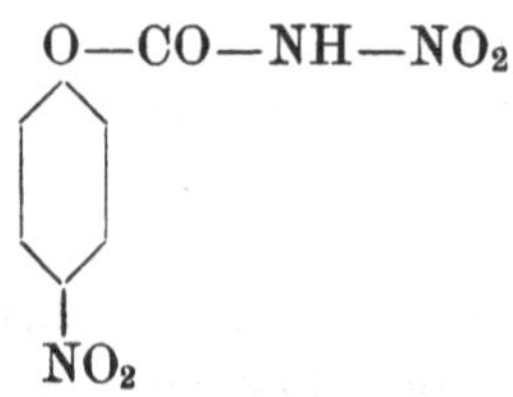

2 g Phenylcarbamat [aus Phenol und Harnstoffchlorid dargestellt nach Gattermann[1])] werden mit Aethylnitrat und concentrirter Schwefelsäure in der von Thiele und Lachman[2]) angegebenen Weise nitrirt. Die Reaction ist so zu leiten, dass die Temperatur stets unter —5° erhalten wird. Nach kurzer Zeit scheidet sich in der Schwefelsäure, welche man fortwährend umrührt, ein dicker, weisser Krystallbrei aus. Nach ungefähr einstündiger Einwirkung giesst man das Gemisch auf Eis, wodurch die Abscheidung der entstandenen Nitroverbindung noch bedeutend vermehrt wird; letztere wird abgesaugt und mit Eiswasser nachgewaschen, bis dasselbe farblos durchläuft;

1) Gattermann, Ann. 244, 43.

2) Thiele und Lachman, Ann. 288, 287.

das Filtrat ist je nach der eingehaltenen Temperatur durch Zersetzungsprodukte mehr oder weniger gelb gefärbt.

Zur Reinigung löst man die Nitroverbindung in wenig Aether und fällt mit Ligroin; man erhält sie auf diese Weise in farblosen, asbestartigen Nadeln vom Schmelzpunkt 144—145°. Sie ist leicht löslich in organischen Lösungsmitteln ausser Ligroin, schwer in kaltem Wasser, unbeständig gegen heisses Wasser, gibt mit Barytwasser eine gelbe Lösung, die bald kohlensauren Baryt fallen lässt.

Kocht man die Nitroverbindung mit Alkalien, so entweicht Stickoxydul und nach der Spaltung lässt sich aus der Flüssigkeit durch Ansäuren und Ausäthern Paranitrophenol vom Schmelzpunkt 115° isoliren.

Diese Spaltung ist entscheidend für die Constitution des Nitrocarbamats; es ist dadurch nachgewiesen, dass ein auch im Kern nitrirtes Nitrocarbamat vorliegt.

0,1357 g gaben 0,1830 g CO_2 und 0,0306 g H_2O.
0,0942 g „ 15,8 ccm N bei 12° und 715 mm Druck.

Berechnet für $C_7H_5O_6N_3$:		Gefunden:
C	37,00 %	36,78 %
H	2,20	2,50
N	18,50	18,71

Silbersalz des Nitrocarbaminsäure-p-nitrophenylesters.

Es wird dargestellt, indem man eine alkoholische Lösung des Esters mit Silbernitratlösung versetzt, wobei es sich krystallinisch abscheidet.

0,2186 g gaben 0,0706 metallisches Silber.

Berechnet für $(C_4H_4O_6N_3)Ag$:		Gefunden:
Ag	32,33 %	32,29 %

Carbaminsäureparakresylester:

$$CH_3—C_6H_4—O—CO—NH_2.$$

Parakresol wird in trockener ätherischer Lösung mit Harnstoffchlorid versetzt, wobei genau wie beim Phenylcarbamat sofort die Ausscheidung des Carbamats in Form eines weissen krystallinischen Niederschlags beginnt. Das Carbamat wird abgesaugt und zur Entfernung überschüssigen Parakresols mit wenig Aether nachgewaschen; die Ausbeute ist quantitativ. Es krystallisirt aus heissem Alkohol in langen, farblosen Nadeln, die bei 159° schmelzen und in Alkohol ziemlich leicht, in Aether und kaltem Wasser sehr schwer löslich sind.

0,1584 g ergaben 0,3675 g CO_2 und 0,0878 g H_2O.

0,1903 g „ 16,0 ccm N bei 14° und 715 mm Druck.

Berechnet für $C_8H_9O_2N$:		Gefunden:
C	63,57 %	63,28 %
H	5,96	6,15
N	9,27	9,31

Die Nitrirung mit Aethylnitrat und Schwefelsäure konnte bei diesem Carbamat nicht ausgeführt werden; schon bei —15° tritt unter heftiger Gasentwicklung Zersetzung und Dunkelfärbung der Schwefelsäure ein. Beim Eingiessen der Schwefelsäure in Wasser scheidet sich eine braune, zähe Schmiere ab, die mit Schwefelsäure und Eisenvitriol keine Nitraminreaction gibt und mit Alkali kein Stickoxydul liefert; die Nitrirung erfolgt also offenbar nicht in der Amidogruppe.

Nitrirung von asymmetrischem Aethylphenylharnstoff:

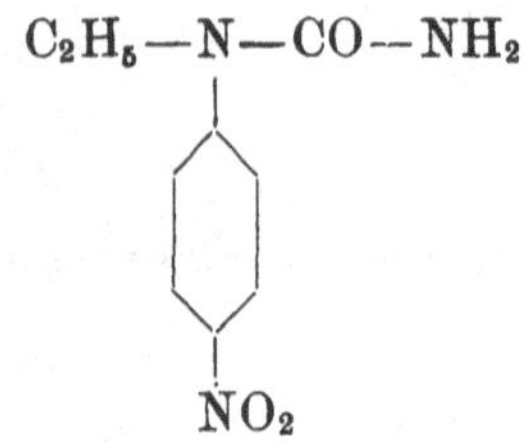

Aethylphenylharnstoff liefert bei der Behandlung mit concentrirter Schwefelsäure und Aethylnitrat nach der schon wiederholt angeführten Methode eine Nitroverbindung, die aus heissem Alkohol in gelben, perlmutterglänzenden Blättchen vom Schmelzpunkt 193° krystallisirt. Diese Nitroverbindung, die in Wasser und Aether sehr schwer löslich ist, wird beim Kochen mit 50% Schwefelsäure leicht verseift und hinterlässt Paranitroaethylanilin vom Schmelzpunkt P. 96°. Es ist sonach erwiesen, dass die NO_2-Gruppe die Parastellung im Kern aufgesucht hat.

Die Nitroverbindung wurde einer nochmaligen Behandlung mit concentrirter Schwefelsäure unterworfen, lieferte aber, selbst nach längerer Einwirkung, kein Nitramin, sondern unveränderte Nitroverbindung zurück.

0,2263 g gaben 0,4294 CO_2 und 0,1132 g H_2O.
0,1692 g „ 30,5 N bei 13° und 719 mm Druck.

Berechnet für $C_9H_{12}O_3N_3$:		Gefunden:
C	51,67 %	51,74 %
H	5,26	5,43
N	20,09	20,14

Mercurisalz.

Eine heisse alkoholische Lösung der Nitroverbindung scheidet, mit Mercurinitratlösung versetzt, einen roten Niederschlag eines Quecksilbersalzes ab, welches sich jedoch bei der Analyse in drei Fällen als ganz verschieden zusammengesetzt erwies. Ein einfaches Salz konnte nicht erhalten werden.

Nitrirung von Phenylcarbamat mit Essigsäureanhydrid und concentrirter Salpetersäure:

$$C_6H_5—O—CO—NH—NO_2.$$

5 g des Carbamats werden in der schon beim Nitrocarbaminsäurebenzylester angegebenen Weise nitrirt. Da die entstehende Nitroverbindung in Wasser ziemlich leicht löslich ist, so fällt man dieselbe aus dem Reactionsgemisch mit einer genügenden Menge Mercurinitratlösung als weisses Quecksilbersalz. Dieses wird nach vollständiger Befreiung von der hartnäckig anhaftenden Essigsäure zur Gewinnung der freien Nitroverbindung in der ebenfalls früher schon beschriebenen Weise zersetzt.

Die Nitroverbindung krystallisirt aus Benzol und Ligroin in farblosen, derben Nadeln vom Schmp. 90—91°; sie ist leicht löslich in Alkohol und Aether, ziemlich leicht in Wasser, sehr schwer in Ligroin.

Die wässrige Lösung färbt sich beim Versetzen mit Alkalien gelb und entwickelt bei gelindem Erwärmen Stickoxydul.

0,2001 g gaben 0,3374 g CO_2 und 0,0650 g H_2O.
0,1374 g „ 19,3 ccm N bei 17° und 718 mm Druck.

Berechnet $C_6H_6O_4N_2$:		Gefunden:
C	46,15 %	45,98 %
H	3,29	3,60
N	15,38	15,37

Salze des Nitrocarbaminsäurephenylesters.

Mercurisalz.

Dasselbe fällt als weisser Niederschlag aus, wenn man eine wässrige Lösung des Esters mit Mercurinitrat versetzt.

Silbersalz.

Versetzt man eine wässrige Lösung des Esters mit Silbernitratlösung, so scheidet sich in glänzenden Nädelchen das Silbersalz ab, das in kaltem Wasser schwer löslich ist und mit einiger Vorsicht aus heissem Wasser umkrystallisirt werden kann.

0,2988 g gaben 0,1108 g Ag.

Berechnet für $C_7H_5O_4N_2Ag$:	Gefunden:
Ag 37,37 %	37,09 %

Nitrirung des Benzylharnstoffs:

$$CO\genfrac{}{}{0pt}{}{\diagup NH-NO_2}{\diagdown NH-C_7H_7}$$

5 g Benzylharnstoff werden in 25 ccm stark abgekühltes Essigsäureanhydrid eingetragen, wobei nicht nötig ist, dass sich alles auflöst und dann in der beim Nitrocarbaminsäurebenzylester näher beschriebenen Weise weiter behandelt. Da der entstehende Nitroharnstoff in Wasser sehr schwer löslich ist, so scheidet sich der grösste Teil desselben während der Operation aus, den Rest gewinnt man aus dem Filtrat, wie ebenfalls früher schon angegeben, durch Isolirung über das Mercurisalz; die Ausbeute wird so nahezu quantitativ.

Aus Benzol und Ligroin umkrystallisirt, besteht der Nitroharnstoff aus farblosen, glänzenden Nadeln, die bei 101° schmelzen.

Er ist in allen organischen Lösungsmitteln ausser Ligroin leicht löslich, schwer in Wasser; durch kochendes Wasser wird er langsam zersetzt. In seinem ganzen Verhalten gleicht er vollkommen dem von Thiele und Lachman[1]) dargestellten gewöhnlichen Nitroharnstoff.

0,1448 g gaben 0,2600 g CO_2 und 0,0635 g H_2O.
0,2560 g „ 49,6 ccm N bei 18° und 725 mm Druck.

1) Ann. 288, 281.

Berechnet für $C_8H_9O_3N_3$:		Gefunden:
C	49,23 %	49,03 %
H	4,61	4,87
N	21,53	21,33

Salze des Benzylnitroharnstoffs.

Mercurisalz.

Es entsteht als weisser Niederschlag aus dem Nitroharnstoff und Mercurinitrat. Die Analyse ergab kein einfach zusammengesetztes Salz.

Silbersalz.

Dasselbe scheidet sich in weissen Kryställchen ab, wenn man eine concentrirte alkoholische Lösung des Nitroharnstoffs mit concentrirter Silbernitratlösung versetzt. Es krystallisirt aus heissem Wasser in kleinen farblosen Täfelchen.

0,3116 g gaben 0,1113 g Ag.

Berechnet für $(C_8H_8O_3N_3)$ Ag:		Gefunden:
Ag	35,76 %	35,71 %

Kaliumsalz.

Eine methylalkoholische Lösung des Benzylnitroharnstoffs wird mit methylalkoholischem Kali versetzt; das Kaliumsalz scheidet sich bei genügend concentrirten Lösungen sofort und unter starker Erwärmung, bei verdünnteren Lösungen nach einiger Zeit in glänzenden Blättchen aus, die aus warmem Methylalkohol umkrystallisirt werden können.

0,2208 g gaben 0,0828 g K_2SO_4.

Berechnet für $C_8H_8O_3N_3K$:		Gefunden:
K	16,73 %	16,83 %

Spaltung des Benzylnitroharnstoffs.

Benzylnitroharnstoff wurde unter gleichzeitiger Durchleitung eines Dampfstromes mit Alkali gekocht; es entwich Stickoxydul und die durch den Kühler übergehende Flüssigkeit war durch Oeltropfen getrübt; das Destillat wurde in ammoniakfreier Salzsäure aufgefangen. Es gab mit Nessler's Reagens versetzt, eine gelblichweisse Ausscheidung — Ammoniak wird rotbraun gefällt — und lieferte auf Zusatz von Platinchlorid einen gelben Niederschlag, der aus heissem Wasser in gelben Blättchen krystallisirte und durch die Analyse als Platindoppelsalz des salzsauren Benzylamins identificirt wurde.

0,1812 g gaben 0,0663 g Pt.

Berechnet für:	Gefunden:
Pt 31,13 %	31,07 %

Demnach war das übergehende Oel Benzylamin und daher durch diese Spaltung erwiesen, dass die NO_2-Gruppe in die Amidogruppe eingetreten war.

Ein weiterer Beweis hiefür ist das Auftreten von Isonitril beim Kochen des Nitroharnstoffs mit Chloroform und Alkali.

Nitrirung von unsymmetrischem Aethylphenylharnstoff mit Essigsäureanhydrid und Salpetersäure:

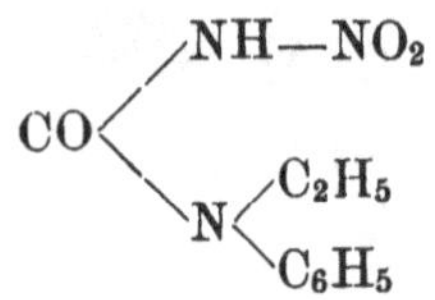

Wie früher schon gezeigt wurde, lieferte die Behandlung dieses Harnstoffs mit Aethylnitrat und concentrirter Schwefelsäure zwar ein Nitrirungsprodukt, allein eine Spaltung ergab, dass die NO_2-Gruppe in den Kern eingegriffen hatte. Verfährt man dagegen genau so wie bei der Nitrirung des Benzylharnstoffs beschrieben wurde, so erhält man bei einiger Vorsicht aus 5 g Aethylphenylharnstoff 2—2,5 g eines Nitroharnstoffs, der aus Benzol in derben prismatischen Nadeln krystallisirt. Schmp. 107 °. Zur Darstellung ist nur noch hinzuzufügen, dass man, wenn alles Essigsäureanhydrid vom Wasser aufgenommen ist, die ganze Lösung mit überschüssigem Mercurinitrat versetzt, da der Nitroharnstoff in Wasser ziemlich löslich ist; es wird hiedurch die Gesammtmenge des gebildeten Nitroharnstoffs als Quecksilbersalz ausgefällt und aus diesem auf die früher schon angegebene Weise abgeschieden.

Er ist leicht löslich in Alkohol, Aether, warmem Benzol, ziemlich in Wasser, ganz unlöslich in kaltem Ligroin. Giesst man eine kalte Benzollösung desselben in überschüssiges Ligroin, so scheidet er sich in sehr langen, haarfeinen Nadeln ab.

Bei der Spaltung mit kochendem Alkali liefert er neben Kohlensäure und Stickoxydul Monoäthylanilin, welches als solches durch Ueberführung in das Nitrosamin leicht identificirt werden kann.

Aus dieser Spaltung geht hervor, dass die NO_2-Gruppe in die Amidogruppe des Harnstoffs eingetreten, der Benzolkern somit intakt geblieben ist.

0,1648 g gaben 30,1 ccm N bei 17° und 723 mm Druck.

Berechnet für $C_9H_{11}O_3N_3$:	Gefunden:
N 20,09 %	20,14 %

Kaliumsalz.

Eine concentrirte methylalkoholische Lösung des Nitroharnstoffs wird mit der ungefähr berechneten Menge methylalkoholischen Kalis versetzt und durch Wasser gekühlt. Das Kalisalz scheidet sich in flimmernden Nadeln oder Blättchen aus, die aus heissem Methylalkohol leicht umkrystallisirt werden können.

0,4095 g gaben 0,1420 g K_2SO_4.

Berechnet für $C_9H_{10}O_3N_3K$:	Gefunden:
K 15,79 %	15,55 %

Nitrirung des Monophenylharnstoffs:

$$CO\begin{cases} NH-NO_2 \\ NH-C_6H_5 \end{cases}$$

Phenylharnstoff wird in der bei der Nitrirung des Benzylharnstoffs angegebenen Weise behandelt. Die wässerige Lösung wird, nachdem alles Essigsäureanhydrid aufgenommen worden, unter Zusatz von verdünnter Salpetersäure mit Mercurinitrat gefällt. Ein Ueberschuss von Salpetersäure ist notwendig, weil sonst das Quecksilbersalz durch ein gelbgefärbtes Nebenprodukt, welches mit niedergerissen wird, verunreinigt ist.

Der aus dem Quecksilbersalz nach der wiederholt angegebenen Weise isolirte Nitroharnstoff krystallisirt aus Benzol nach mehrmaligem Umkrystallisiren unter Zusatz von etwas Thierkohle in farblosen, glänzenden Blättchen, die bei 140° schmelzen. Die Ausbeute ist mässig.

Bei der Spaltung mit Alkalien liefert er Anilin, das durch die

Chlorkalkreaction sowie durch die Bildung von Anilinschwarz mit Chromsäure als solches erwiesen wurde.

Für die Analyse muss der Nitroharnstoff, da er viel Benzol zurückzuhalten scheint, auf dem Wasserbad zur Gewichtsconstanz getrocknet werden.

0,1286 g gaben 0,2178 g CO_2 und 0,0466 g H_2O.
0,2388 g „ 51 ccm N bei 19° und 718 mm Druck.

Berechnet für $C_7H_7O_3N_3$:		Gefunden:
C	46,40 %	46,19 %
H	3,87	4,02
N	23,20	23,17

Salze des Monophenylnitroharnstoffs.

Mercurisalz.

Dasselbe wird aus Lösungen des Nitroharnstoffs durch Mercurinitrat als weisser Niederschlag ausgefällt.

Kaliumsalz.

Dasselbe entsteht beim Zusammenbringen einer concentrirten methylalkoholischen Lösung des Nitroharnstoffs mit methylalkoholischem Kali und krystallisirt aus heissem Methylalkohol in farblosen, glänzenden Blättchen.

Spaltung des Nitrosourethans.

Die sämmtlichen hier anzuführenden Spaltungen wurden in dem von Thiele und Dent[1]) angegebenen Apparate ausgeführt.

1. Mit schwefliger Säure.

Nitrosourethan wurde im schwachen Kohlensäurestrom mit wässriger, schwefliger Säure zersetzt und die Spaltung zum Schluss durch Kochen vervollständigt.

0,1816 g gaben 57 ccm Gas bei 10° und 710 mm Druck.

Berechnet für $2C_3H_6O_3N_2$:		Gefunden:
$2N_2 + C_2H_4$	35,60 %	35,20 %

1) Dent, Diss. München 1898.

Hieraus sowie aus der qualitativen Zusammensetzung des Gases war zu entnehmen, dass die Spaltung in der gewöhnlichen Weise verlaufen war.

2. Mit verdünnter Salzsäure in Gegenwart von überschüssigem Eisenchlorür.

0,1800 g gaben 56,8 ccm Gas bei 20° und 723 mm Druck.

Berechnet für $2C_3H_6O_3N_2$:		Gefunden:
$2N_2 + C_2H_4$	35,60%	34,30%

24 ccm des Gases wurden mit Sauerstoff gemischt und verpufft; sie hinterliessen nach der Absorption der entstandenen Kohlensäure sowie des überschüssigen Sauerstoffs 16,2 ccm.

30,5 ccm hinterliessen ebenso behandelt 20,3 ccm. Das Gas bestand demnach aus Stickstoff und Kohlenwasserstoff im Verhältniss 2:1. Dass dieser Kohlenwasserstoff die Zusammensetzung des Aethylens hatte, zeigte der Verbrauch von Sauerstoff.

3. Mit verdünnter Schwefelsäure in Gegenwart von Ferrosulfat.

0,1330 g gaben 41,6 ccm Gas bei 15° und 714 mm Druck.

Berechnet für $C_3H_6O_3N_2$:		Gefunden:
$2N_2 + C_2H_4$	35,60%	34,38%

41,1 ccm des Gases hinterliessen nach der Absorption mit Ferrosulfatlösung 41,1 ccm; es enthielt demnach kein Stickoxyd. 21,1 ccm wurden mit Sauerstoff gemischt und verpufft und hinterliessen nach Absorption von CO_2 und O 14,5 ccm. 19,6 ccm hinterliessen nach der Absorption mit Brom 13,6 ccm.

Das Gas bestand also auch in diesem Falle aus $^2/_3$ Stickstoff und $^1/_3$ Aethylen. Der Rückstand zeigte deutlich, dass bei der Reaction salpetrige Säure in geringem Maasse gebildet wird; es zeigte sich nämlich ein dünner amethystfarbener Ring.

4. Mit wässriger Jodwasserstoffsäure.

0,1364 g gaben 45,4 ccm Gas bei 22° und 719 mm Druck.

Berechnet für $C_3H_6O_3N_2$:		Gefunden:
$2N_2 + C_2H_4$	35,60%	35,61%

44,6 ccm des Gases hinterliessen nach der Absorption mit Brom 29,9 ccm, also eine Verminderung von 14,7 ccm.

Berechnet für C_2H_4:	Gefunden:
ccm 14,8	14,7

5. Mit einer Lösung von Anilinsulfat.

0,1334 g gaben 42,3 ccm Gas bei 20° und 710 mm Druck.

Berechnet für $C_3H_6O_3N_2$:	Gefunden:
$2N_2 + C_2H_4$ 35,6 %	34,20 %

43,0 ccm des Gases hinterliesen nach der Absorption durch Brom 29,8 ccm; also eine Verminderung von 13,2 ccm.

Berechnet für C_2H_4:	Gefunden:
ccm 14,3	13,2

6. Mit absolutem Alkohol.

Trotz beständigen Erhitzens der alkoholischen Lösung war die Zersetzung nach 2 Stunden noch bei weitem nicht vollständig, lieferte aber in qualitativer Hinsicht das gleiche Ergebniss wie eine Zersetzung mit Wasser.

7. Mit Silberacetatlösung.

Eine wässrige Lösung des Nitrosocarbamats wurde mit Silberacetatlösung versetzt; es schied sich sofort das gelbe Silbersalz des Nitrosourethans aus, welches jedoch beim Kochen wieder in Lösung ging.

Die Zersetzung war ganz unvollständig und lieferte ebenfalls Stickstoff und Aethylen. Das Gas wurde durch eine salzsaure Kupferchlorürlösung geschickt, zeigte jedoch nachher keine Volumverminderung; es war also kein Kohlenoxyd gebildet worden. Am Boden des Zersetzungskölbchens hatte sich eine ganz dünne Schicht metallinischen Silbers abgesetzt.

Spaltung des Nitrosocarbaminsäurebenzylesters.

1. Mit verdünnter Schwefelsäure.

0,1800 g des Nitrosocarbamats wurden in dem schon bei den Zersetzungen des Nitrosourethans angeführten Apparate mit verdünnter Schwefelsäure gespalten und die Zersetzung schliesslich durch kurzes Kochen vervollständigt.

0,1800 g gaben 23,8 ccm Gas bei 15° und 715 mm Druck.

Berechnet für $C_8H_8O_3N_2$:	Gefunden:
N 14,28 %	14,05 %

Das Gas bestand demgemäss aus reinem Stickstoff; der Zersetzungsrückstand im Kölbchen enthielt keine mittels der Permanganatreaction nachweisbare ungesättigte Verbindung, sondern war durch ölige Tröpfchen getrübt, die wie bei einer folgenden Spaltung sicher festgestellt wurde, aus Benzylalkohol bestanden.

2. Mit verdünnter Salzsäure.

Das Ammoniumsalz des Nitrosocarbamats, welches seiner Leichtlöslichkeit in Wasser und etwas grösserer Beständigkeit wegen vortheilhaft zu diesen Spaltungen herangezogen wurde, wurde mit verdünnter Salzsäure ganz wie oben zersetzt.

0,1283 g gaben 16,2 ccm Gas bei 14° und 716 mm Druck.

Berechnet für $C_8H_{11}O_3N_3$:	Gefunden:
2N 14,21 %	14,14 %

Das Gas bestand daher ebenfalls aus reinem Stickstoff und der Rückstand enthielt ebensowenig wie in Versuch 1 eine ungesättigte Verbindung; der Geruch desselben liess auf das Vorhandensein von Benzylchlorid schliessen, doch konnte die Chlorreaction nur undeutlich nachgewiesen werden.

3. Mit verdünnter Schwefelsäure in der Kälte.

Hiezu wurde auch das Ammoniaksalz verwandt. Das Zersetzungskölbchen wurde mit Eis gekühlt und die Gasentwicklung dauerte etwas über eine Stunde. Die Flüssigkeit war dann noch schwach gelb gefärbt und die Zersetzung, wie auch die nachherige Messung ergab, nicht vollständig.

Berechnet für $C_8H_{11}O_3N_3$:	Gefunden:
2N 14,21 %	13,71 %

Auch in diesem Falle enthielt der Rückstand weder eine ungesättigte Verbindung, noch eine mit Sicherheit nachzuweisende Aetherschwefelsäure, die durch Addition hätte gebildet werden können; dagegen konnte demselben durch Aether eine ziemliche Menge Benzylalkohol entzogen werden, der durch den Schmelzpunkt seines durch Behandeln mit Phosgen und Ammoniak dargestellten Carbamats Schm. 86° identificirt wurde.

Zur Darstellung von Harnstoffchlorid.

Zur Gewinnung der nötigen Carbaminsäureester, die in der vorhergehenden Arbeit ihre Beschreibung fanden, wurde, wenn die Darstellung von Chlorocarbonaten nicht gelang, stets mit gutem Erfolg die Methode von Gattermann[1]), wie mehrmals erwähnt, in Anwendung gebracht. Das erforderliche Harnstoffchlorid wurde nach den Angaben desselben Verfassers aus Salmiak und Phosgen bereitet und ich möchte hiezu noch Folgendes bemerken:

Der Salmiak wird am besten, um Verstopfungen durch Sublimation zu vermeiden, in einer weithalsigen Retorte, die man in ein metallenes Luftbad einstellt, erhitzt. In diese leitet man den Phosgenstrom durch ein unten zweimal umgebogenes, in eine Spitze auslaufendes Glasrohr ein, so dass das Gas von unten nach oben durch den sublimirenden Salmiak streicht. Es wird hiedurch verhindert, dass sich Salmiak im Einleitungsrohre festsetzt.

Die Temperatur ist dem Phosgenstrome entsprechend zu reguliren, weil derselbe sonst zu viel Sublimat mitreisst.

Da trotzdem die Darstellung des Harnstoffchlorids auf diese Weise eine kostspielige und wenig angenehme Arbeit war, so habe ich noch versucht, dasselbe durch Destillation von Cyanursäure im Salzsäurestrom zu gewinnen.

Dieser Gedanke wurde mir nahegelegt durch die von Wöhler[2]) beschriebene erste Bildungsweise von Harnstoffchlorid aus Silbercyanat und Salzsäure und ferner durch die von Gattermann[3]) mitgeteilte Beobachtung, dass das Harnstoffchlorid in der Hitze in Cyansäure und Salzsäure dissociire und beim Abkühlen durch Vereinigung beider wieder rückgebildet werde.

Der Erfolg entsprach in quantitativer Hinsicht leider nicht im geringsten der Erwartung.

1) Ann. 244, 30.

2) Ann. 45, 357.

3) Ann. 244, 30 f.

MIX
Papier | Fördert gute Waldnutzung
FSC® C083411

Zeitfracht Medien GmbH
Ferdinand-Jühlke-Straße 7
99095 Erfurt, Deutschland
produktsicherheit@kolibri360.de